BEI GRIN MACHT SICH IHR WISSEN BEZAHLT

- Wir veröffentlichen Ihre Hausarbeit, Bachelor- und Masterarbeit

- Ihr eigenes eBook und Buch - weltweit in allen wichtigen Shops

- Verdienen Sie an jedem Verkauf

Jetzt bei www.GRIN.com hochladen und kostenlos publizieren

Frank Kottler

Aus der Reihe: e-fellows.net stipendiaten-wissen

e-fellows.net (Hrsg.)

Band 484

Internetsicherheit in der Praxis

GRIN Verlag

Bibliografische Information der Deutschen Nationalbibliothek:

Die Deutsche Bibliothek verzeichnet diese Publikation in der Deutschen National-
bibliografie; detaillierte bibliografische Daten sind im Internet über http://dnb.d-
nb.de/ abrufbar.

Impressum:

Copyright © 2011 GRIN Verlag GmbH
Druck und Bindung: Books on Demand GmbH, Norderstedt Germany
ISBN: 978-3-656-24487-5

Dieses Buch bei GRIN:

http://www.grin.com/de/e-book/198284/internetsicherheit-in-der-praxis

GRIN - Your knowledge has value

Der GRIN Verlag publiziert seit 1998 wissenschaftliche Arbeiten von Studenten, Hochschullehrern und anderen Akademikern als eBook und gedrucktes Buch. Die Verlagswebsite www.grin.com ist die ideale Plattform zur Veröffentlichung von Hausarbeiten, Abschlussarbeiten, wissenschaftlichen Aufsätzen, Dissertationen und Fachbüchern.

Besuchen Sie uns im Internet:

http://www.grin.com/

http://www.facebook.com/grincom

http://www.twitter.com/grin_com

INTERNETSICHERHEIT IN DER PRAXIS

Seminararbeit im Fach Mathematik

von Frank Kottler

W-Seminar Kryptographie

2., korrigierte Auflage

Inhaltsverzeichnis

1 Einführung

1.1 Motivation und Problemstellung

Seit seiner Erfindung im Jahre 1983[1] gewann das Internet weltweit immer mehr an Bedeutung. Ein Maximum an Popularität hat es bis heute nicht erreicht. Nach wie vor sind webbasierte Anwendungen jeglicher Art auf dem Vormarsch, die Technologien werden stets weiterentwickelt und bieten immer mehr Potential.

Je bedeutsamer allerdings die Kommunikation im Internet für unser Leben wird, desto wichtiger wird auch die Ausarbeitung und Umsetzung eines Sicherheitskonzepts. Nicht nur unsere sensiblen Daten wollen geschützt werden, im Grunde genommen sollte jeglicher Datenaustausch geheim und ohne Spionage- oder sogar Manipulationsmöglichkeiten für Dritte stattfinden. Schließlich gäben wir im realen Leben, wenn wir von Angesicht zu Angesicht kommunizieren, auch keine Daten preis, wenn wir wüssten, dass wir belauscht werden würden. Auch das Briefgeheimnis ist aus diesem Grund eingeführt worden und das Konzept ist keineswegs veraltet.

Das Thema „Internetsicherheit" beinhaltet natürlich viel mehr als nur die Absicherung der Kommunikation. Das Thema ist so vielfältig, dass es komplett nicht einmal in einigen hundert Seiten dicken Fachbüchern behandelt werden kann. Doch ist die Kommunikation das, woran auch ein Endverbraucher als Erstes denkt, wenn er das Wort „Internet" hört. Deswegen konzentriert sich diese Arbeit darauf.

1.2 Der Datenaustausch im Internet

Jeder Datenaustausch, gleich welcher Form, zeichnet sich durch gewisse Eigenschaften aus. Man hat zwei oder mehrere Partner und außerdem ein Protokoll, das festlegt, wie die Daten gesendet und empfangen werden (im realen Leben die Sprache). Im Internet sind die Kommunikationspartner (genannt Hosts) ein Client und ein Server. Als Client wird im Allgemeinen der aktive Verbindungspartner bezeichnet. Ein Server ist ein Rechner, der Dienste bereitstellt, an welche die Clients Anfragen richten. Diese Anfragen werden vom Server beantwortet.

---

1 Vgl. [KHCT]; [FWLN], S. 8.

Die Kommunikation im Internet muss über verschiedene Ebenen laufen. Denn der Kommunikationspartner ist keineswegs direkt verbunden. Abbildung 1 (Titelseite) visualisiert einen Teil des Internets. Bei diesem Graphen sind die Knoten die einzelnen Rechner, die Kanten stellen eine direkte Verbindung dieser Rechner dar.

Um nun mit dem Zielhost kommunizieren zu können, müssen verschiedene Dienste in Anspruch genommen werden: vom Netzzugang, der die Daten auf einem physikalischen Medium überträgt, über das Routing (die Wegewahl über das Internet), die Vermittlung zwischen Anwendungsdaten und dem Internet und natürlich den Dienst der Anwendung selbst. Genormt sind diese Schichten im TCP/IP-Referenzmodell.[2]

---

2 Eine Erklärung des TCP/IP-Referenzmodells sowie zu den einzelnen Schichten findet sich im Anhang 7.1.

2 Grundüberlegungen zur Sicherung der Kommunikation

Bei der Erarbeitung eines geeigneten Sicherheitskonzepts gibt es mehrere Punkte zu berücksichtigen. Um die Planung des Konzepts zu erleichtern, stellen wir uns als erstes Ziele, die es zu erreichen gilt.

2.1 Anforderungen an ein Sicherheitssystem

Zuallererst stellt sich die Frage: Wie wird Netzwerksicherheit, oder Sicherheit in Systemen im Allgemeinen definiert? Hier existiert eine gängige Einteilung in drei Schutzziele bzw. in drei zu verhindernde Aktionen:

„*1. unbefugter Informationsgewinn, d.h. Verlust der* **Vertraulichkeit (confidentiality)**,

2. unbefugte Modifikation von Informationen, d.h. Verlust der **Integrität (integrity)**, *und*

3. unbefugte Beeinträchtigung der Funktionalität, d.h. Verlust der **Verfügbarkeit (availability)**.*"[3]

Sind diese drei Ziele erfüllt, gilt die Kommunikation als sicher: Niemand Unbefugtes liest die Daten, niemand Unbefugtes verändert (oder löscht) die Daten und dieser sichere Übertragungskanal fällt auch nicht unerwünscht aus. Das entworfene Konzept muss also zwingend diese drei Primärziele erreichen. Außerdem besteht vor dem Beginn der Kommunikation die dringende Notwendigkeit, die Identität des Kommunikationspartners zu überprüfen und der erfolgreichen Identitätsprüfung auch vertrauen zu können. Als viertes Ziel gilt also die **Authentifizierung**.[4]

2.2 Sekundärziele

Zudem gibt es einige Soll-Anforderungen, deren Umsetzung nicht zwingend, aber gewünscht ist. Sie tragen nicht unmittelbar zur Sicherheit bei, sorgen aber für geringere Fehleranfälligkeit.

1. Einfachheit der Bedienung: Das System soll nicht schwer zu bedienen sein, denn je komplizierter das System, desto mehr Fehler macht der Benutzer und stellt somit wiederum eine Gefahr für die Sicherheit dar.[5]

---

3   [PSR], S. 6. Hervorhebung durch den Verfasser.
4   Vgl. [SSE2].
5   Vgl. [KCM], S. 9 Nr. 6.

2. Einfachheit der Wartung: Das System soll leicht zu warten sein, denn je komplizierter die Wartung, desto seltener wird sie durchgeführt, was möglicherweise erst im Laufe der Zeit entstandene Schwachstellen (zum Beispiel aufgrund technischen Fortschritts) später als nötig absichert.[6]

3. Wahrung des Kerckhoffs'schen Prinzips: *„Das System darf keine Geheimhaltung erfordern und kann vom Feind gestohlen werden, ohne Probleme zu verursachen."*[7] Das bedeutet zum einen, dass die Sicherheit des Systems nicht von dessen Geheimhaltung abhängen darf (sondern nur von der Geheimhaltung des Schlüssels), zum anderen im Umkehrschluss, dass auf offene, standardisierte Systeme zurückgegriffen werden soll, da diese von jedem (sprich, auch von jedem Fachmann) auf ihre tatsächliche Sicherheit hin überprüft werden können.

Nun existiert also eine feste Zielsetzung, der Weg dorthin führt über das TCP/IP-Referenzmodell.

2.3 Angriff auf jeder Schicht möglich

Wichtig ist, sich das Prinzip des TCP/IP-Modells vor Augen zu führen. Jede Schicht ist in sich abgeschlossen, als Verbindung zu einer Schicht anderen Niveaus existieren zusätzliche, in sich abgeschlossene Schichten: Die Verbindungsschicht zwischen Internet- und Anwendungsschicht ist die Transportschicht, zwischen Netzzugangs- und Transportschicht ist es die Internetschicht. Es sind also nur Angriffe auf den einzelnen Schichten möglich, nicht zwischen zwei Schichten, dort existiert schließlich nichts, was man angreifen könnte.

Somit muss jede Schicht in dem für sie geeigneten, möglichen und wirtschaftlichen Rahmen abgesichert werden, um ein akzeptables Sicherheitssystem für die Kommunikation im Internet zu erhalten. Im Folgenden soll dies anhand eines typischen Praxisbeispiels verdeutlicht werden.

---

6   Vgl. [FSCE], S. 2.
7   [KCM], S. 9 Nr. 2.

3 Szenario: Schutz am Beispiel von Web-, FTP- und E-Mail-Server

Wir beschäftigen uns nun mit der Absicherung der drei im Alltag am häufigsten genutzten Dienste: Absicherung eines Webservers für den Zugriff auf Internetseiten, eines FTP-Servers für den Zugriff auf Dateien und eines E-Mail-Servers für den Empfang und Versand von E-Mails. Dabei wird bei der Absicherung in der untersten Schicht begonnen und sich Schritt für Schritt zur obersten Schicht durchgearbeitet.

3.1 Sicherung der Netzzugangsschicht

Für die unteren drei Schichten läuft die Sicherung noch gemeinsam, nicht dienstespezifisch ab, da sich alle hier verwendeten Dienste den gleichen Protokollen der Netzzugangs-, Internet- und Transportschicht bedienen.

Bei der untersten Schicht zeichnet sich ein Problem ab: Man hat keine physikalische Gewalt über jede Leitung oder jedes Netzwerk der Welt. Die einzige Leitung, auf die man als Serveradministrator Zugriff hat, ist die, die vom Server abgeht. Bereits ab der Teilnehmeranschlussleitung (TAL) gibt es einen Kontrollverlust über die auf der Leitung ausgespähten, veränderten oder entfernten Daten. Dieser setzt sich in der Vermittlungsstelle und dann im weltweiten Netz fort. Die Sicherung der Netzzugangsschicht kann also nur im häuslichen Rahmen erfolgen.

Zur Absicherung der Leitung werden die Primärziele (Vertraulichkeit – Integrität – Verfügbarkeit) als Maßstab verwendet. Authentifizierung ist auf dieser Schicht noch nicht möglich, es existiert zwar im Ethernet-II-Protokoll ein Feld für die Quell-MAC-Adresse[8], doch besteht keine Möglichkeit, dies zu verifizieren.[9] Im besten Fall wird die Einhaltung der Ziele gewährleistet durch eine dedizierte Leitung und Router (Punkt-zu-Punkt-Verbindung): Der Server ist als einziger Teilnehmer mit dem Router verbunden (oder fungiert selber als Router), welcher das Signal an den Splitter weiterleitet. Damit wird ein Störer im Teilnehmernetzwerk schon physikalisch ausgeschlossen.

Ist eine dedizierte Internetanbindung nicht möglich, muss durch die Wahl der Netzwerktopologie darauf geachtet werden, die Angriffsmöglichkeiten zu reduzieren.[10]

---

8   Vgl. Anhang 7.1.2.
9   Vgl. [VAD], Teil 3.1c, S. 5.
10   Als Topologie eines Netzes wird die Art und Weise bezeichnet, wie die einzelnen Hosts miteinander vernetzt

SZENARIO: SCHUTZ AM BEISPIEL VON WEB-, FTP- UND E-MAIL-SERVER

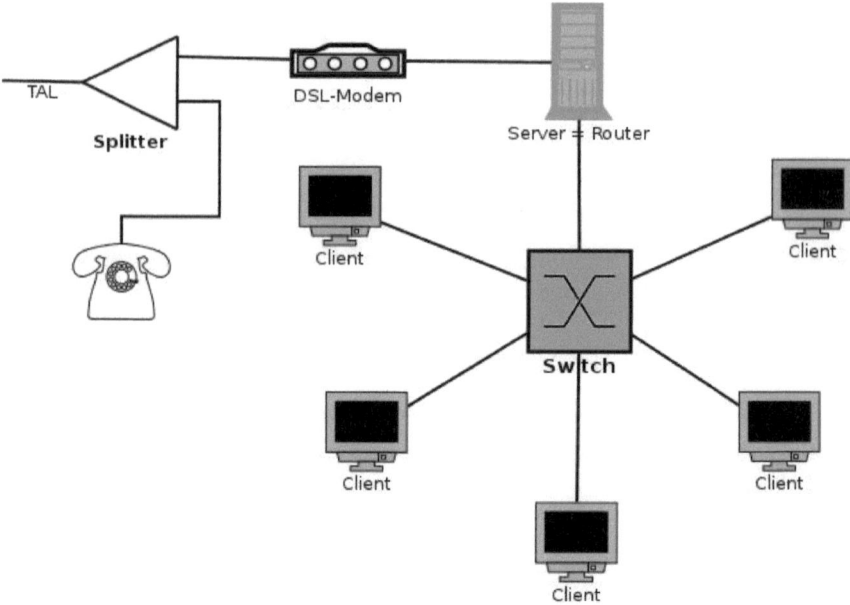

Abbildung 2: Konfigurationsvariante für eine Einbindung in ein vorhandenes Netzwerk.

Abbildung 2 stellt eine gute Möglichkeit vor, ein Netzwerk trotz mehrerer Clients sicher zu realisieren. Im Grunde genommen wird das Netzwerk in einer Stern-Topologie umgesetzt, mit der Besonderheit, dass der Server als Gateway für die anderen Clients fungiert und somit direkt an das DSL-Modem, den Splitter und die TAL angeschlossen ist. Damit ist ein Störer in der Kommunikation zwischen Server und Internet trotz mehrerer Clients ausgeschlossen.

3.2 Sicherung der Internetschicht

In der nächsthöheren Schicht kommt standardmäßig für die drei Dienste das Internet Protocol (IP)[11] zum Einsatz.[12] Jedes IP-Paket sucht sich seinen Weg zum Ziel neu, eine Ende-zu-Ende-Verbindung existiert nicht. Außerdem sind im IP-Protokoll weder Möglichkeiten zur Fehlererkennung und -behebung implementiert, noch Verfahren zur Authentifizierung, Integritätsprüfung und Garantie der Vertraulichkeit. Im Klartext heißt das, dass im Internet Protocol keines der Schutzziele verwirklicht ist.[13]

---

sind.
11 Der Aufbau eines IP-Pakets findet sich in Anhang 7.2.
12 Vgl. [TTT].
13 Vgl. [FWLN], S. 33f.

3.2.1 IPsec

Aus diesem Grund wurde IPsec (Internet Protocol Security) entwickelt. Es bietet die Möglichkeit, einige der in der Transportschicht implementierten Sicherheitsmerkmale eine Ebene nach unten zu verlagern.[14] Doch ist das Protokoll sehr komplex (was den Sekundärzielen der einfachen Bedienung und Wartung widerspricht), allerdings lässt sich IPsec mit einigen Vereinfachungen sinnvoll einsetzen. In Anhang 7.3 werden die verschiedenen Modi von IPsec und das Auswahlverfahren des eingesetzten Modus' vorgestellt. Die Entscheidung fällt schlussendlich auf **IPsec** im **Tunnel Mode** mit **ESP** (mit Verschlüsselung und Authentifizierung) und **IKEv2**. Praktisch wird damit ein **VPN** (Virtual Private Network) eingerichtet, da nur die beiden Teilnehmer die Pakete lesen können.[15] Die Sicherheit hängt von der Wahl eines sicheren Algorithmus' sowie vom sicheren Schlüsselaustausch ab. Dafür ist der Internet Key Exchange zuständig, das Herzstück des IPsec-Protokolls.

3.2.2 Der Aufbau von IKEv2

Das Internet Key Exchange Protocol besteht im Wesentlichen aus 2 Anfragen und 2 Antworten.[16] Im aktuellen Szenario übernimmt der Client die Aufgabe des Initiators (von seiner Seite geht der Verbindungsaufbau aus) und der Server die des Responders gemäß Abbildung 3 (s. u.).[17]

Im ersten Schritt (*IKE_SA_INIT Request*) übermittelt der Initiator Vorschläge für die Verschlüsselung des nächsten Schrittes, Vorschläge für den bei der Integritätsprüfung verwendeten Algorithmus, Vorschläge für die Hashfunktion zur Ableitung der Schlüssel, die für den Diffie-Hellman-Schlüsselaustausch[18] benötigten Zahlen, sowie eine Zufallszahl (in der Abbildung „Nonce"), die für die Generierung des Schlüssels verwendet wird.[19]

Der Responder antwortet dann mit einer *IKE_SA_INIT Response*, in der er jeweils einen Vorschlag annimmt, die fehlende Diffie-Hellman-Zahl sowie eine eigene Zufallszahl übermittelt.[20] Intern wird nun ein Schlüssel berechnet, von dem sieben Schlüssel für unterschiedliche Zwecke (z. B. neue Schlüssel erzeugen, Integrität schützen etc.) abgeleitet werden.[21]

---

14 Vgl. [TTI].
15 Vgl. [FIGI].
16 Vgl. [SLCT]; [IBMI].
17 Vgl. [FWGM].
18 Zur Funktionsweise des Diffie-Hellman-Schlüsselaustausches siehe Kapitel 3.3.
19 Vgl. [VIKE]; [IBMI]; [KTEAP]; [KIKE], S. 7-9.
20 Vgl. ebd.
21 Vgl. [KIKE], S. 27f.

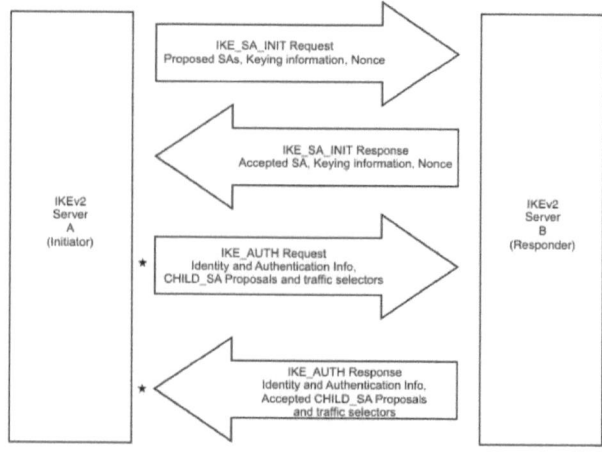

★ message must be encrypted

Abbildung 3: Der Aufbau von IKEv2.

Im nächsten großen Schritt verschlüsselt der Initiator die *IKE_AUTH Request* mit dem gewählten Verschlüsselungsverfahren. Im Paket selbst gibt er seine Identität (z. B. in Form seiner IP-Adresse) preis und verifiziert die Herkunft der Daten mit einem verschlüsselten *Auth*-Datenfeld, das entweder auf Signatur beruht – in einem asymmetrischen Verschlüsselungsverfahren wurde der Klartexthash[22] mit dem privaten Schlüssel verschlüsselt, sodass er mit dem öffentlichen Schlüssel, der in einem Zertifikat[23] vorliegt (und damit auch nicht gefälscht werden kann), entschlüsselt werden kann[24] – oder bei einem symmetrischen Verfahren auf einem Pre-shared Key (PSK).[25] Dieser Schritt ist wichtig, um damit Man-in-the-Middle-Attacken vorzubeugen. Damit ein Angreifer den Datenverkehr ausspähen kann, muss er ihn durch selbst eingeschleuste Zahlen beim Schlüsselaustausch manipulieren. Allerdings fließt der ausgehandelte Schlüssel in die Signatur in Form eines Hashes ein, um diesen zu verändern, müsste er die Signatur entschlüsseln (kein Problem), kann diese allerdings nicht wieder mit dem Schlüssel des Initiators signieren. Eine Integritätsverletzung fällt an diesem Punkt somit auf.[26]

Der Rest ist nur noch Verhandlungssache: Es wird ausgehandelt, welchen Algorithmus ESP anwenden soll, sowie mit welchem IP-Adressbereich durch den IPsec-Tunnel kommuniziert werden soll.[27]

---

22 Zur Funktionsweise und Vorteile des Hash-Verfahrens siehe Kapitel 3.4.
23 Zertifikate sind fälschungssichere Identitätsnachweise im Internet. Auf sie wird im Anhang 7.5 genauer eingegangen.
24 Vgl [SGH], S. 361f.
25 Vgl. [SLCT].
26 Vgl. [KTEAP]; [SGH], S. 361f.
27 Vgl. [SLCT]; [VIKE].

Das verwendete System deckt jetzt die Ziele Integrität, Vertraulichkeit und Authentifizierung ab. Allerdings benötigt es einen hohen Konfigurationsaufwand seitens des Clients. Falls daher einige Clients auf das normale IP zurückgreifen, müssen diese Ziele ebenfalls in die höheren Schichten Eingang finden.

3.3 Der Diffie-Hellman-Schlüsselaustausch

Der Diffie-Hellman-Schlüsselaustausch, von dem IKEv2 Gebrauch macht, bietet eine sichere Möglichkeit, einen Schlüssel über einen unsicheren Kanal auszutauschen.

Alice will Bob eine Nachricht senden. Dafür müssen sie über einen unsicheren Weg einen Schlüssel austauschen. Alice generiert eine Primzahl p, eine Primitivwurzel[28] $g \bmod p$, sowie eine geheime Zufallszahl a. Alice berechnet ihren öffentlichen Wert $A = g^a \bmod p$. Zusammen mit p und g schickt sie diesen an Bob. Der wiederum besitzt seine eigene geheime Zufallszahl b[29], mit der er $B = g^b \bmod p$ berechnet und diesen Wert an Alice schickt.[30] Beide berechnen jetzt den Schlüssel:

Alice   Bob

$k = B^a \bmod p$ $k = A^b \bmod p$

Jetzt haben beide den gleichen Schlüssel.[31] Warum? Die Antwort liefert eine mathematische Umformung:

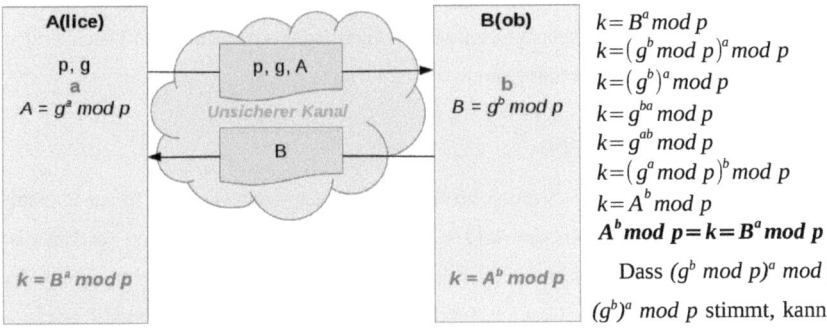

$k = B^a \bmod p$
$k = (g^b \bmod p)^a \bmod p$
$k = (g^b)^a \bmod p$
$k = g^{ba} \bmod p$
$k = g^{ab} \bmod p$
$k = (g^a \bmod p)^b \bmod p$
$k = A^b \bmod p$
$A^b \bmod p = k = B^a \bmod p$

Dass $(g^b \bmod p)^a \bmod p = (g^b)^a \bmod p$ stimmt, kann mit Hilfe des binomischen Lehr-

Abbildung 4: Der Diffie-Hellman-Schlüsselaustausch.

satzes[32] bewiesen werden:

---

28 Eine Primitivwurzel $g \bmod p$ hat eine multiplikative Ordnung modulo p von $\varphi(p)$. Vgl. [FEZP], S. 9.1.
29 Es gilt: $p, g, a, b \in \mathbb{N}$.
30 Vgl. [DCIS].
31 Vgl. [RDH].
32 Für eine vollständige Beweisführung müsste auch der binomische Lehrsatz bewiesen werden. Dies allerdings würde den Rahmen der Seminararbeit sprengen. Siehe aber dazu [CPBT].

$$(g^b \bmod p)^a \bmod p = (g^b)^a \bmod p$$

$$g^b = xp + y$$
$$(x, y \in \mathbb{N}_0 ; y < p)$$

Für $k < a$ gilt:

$$[(xp + y) \bmod p]^a \bmod p = (xp + y)^a \bmod p$$

$$\binom{a}{k} y^k (xp)^{a-k} \bmod p = 0$$

$$y^a \bmod p = \sum_{k=0}^{a} \binom{a}{k}(xp)^{a-k} y^k \bmod p$$

Daraus folgt:

$$\sum_{k=0}^{a} \binom{a}{k}(xp)^{a-k} y^k \bmod p = \binom{a}{a}(xp)^{a-a} y^a \bmod p = \boldsymbol{y^a \bmod p}$$

$$\boldsymbol{y^a \bmod p = (g^b \bmod p)^a \bmod p = (g^b)^a \bmod p} \quad q.e.d.$$

Hat ein Angreifer nun alle Pakete ausgespäht, kann er den Schlüssel trotzdem nicht berechnen. Bei der Funktion $f(x) = g^x \bmod p$ handelt es sich um die diskrete Exponentialfunktion, eine Einwegfunktion. Den diskreten Logarithmus (die Umkehrfunktion) zu berechnen und damit nach x aufzulösen, ist bis heute ein Problem, das nicht effizient gelöst werden kann.[33]

Das Verfahren ist allerdings anfällig für aktive Man-in-the-Middle-Attacken: Ein Angreifer kann die übermittelten Zahlen einfach abfangen und durch seine eigenen Werte austauschen, sodass der Client mit dem Man-in-the-Middle p_{Client}, g_{Client}, A_{Client} und $B_{ManInTheMiddle}$ austauscht und der Server mit dem Angreifer $p_{ManInTheMiddle}$, $g_{ManInTheMiddle}$, $A_{ManInTheMiddle}$ und B_{Server}. Der Angreifer ist jetzt erfolgreich zwischengeschaltet und kann jeden verschlüsselten Datenverkehr abhören und nach Belieben verändern, ohne dass es auffällt.[34]

3.4 Das Hash-Verfahren

Um dem entgegen zu wirken, wurden im IKEv2 die Nachrichten signiert. In der Signatur kann jedoch kein ganzer Text signiert werden. Die Obergrenze der signierbaren Textlänge ist die Länge des öffentlichen Schlüssels. Alles darüber hinaus wäre unpraktikabel (aufgrund der Dauer) und unsicher (bei Stückelung des Textes könnten einzelne *(Text, Signatur)*-Paare problemlos vertauscht oder gelöscht werden). Stattdessen wird ein Hash signiert. Eine Hash-Funktion h bildet eine Nachricht der Menge K auf einen Hashwert der Menge H ab $(h : K \rightarrow H)$. K ist dabei viel größer als H $(|K| \gg |H|)$. Die Eigenschaften von h sind:[35]

- Eingangswert beliebiger Länge

---

33 Vgl. [MME], S. 8f.; [RDH].
34 Vgl. [RDH].
35 Vgl. [CSDI], S. 289-293; [PVH], 27:03-58:12; [PLH], 24:58-33:28.

- Ausgangswert fester und kurzer Länge

- Effizienz

- Kollisionsfreiheit, d. h., dass $h(x)$ für alle $x \in K$ umkehrbar ist, d. h., dass $h(x)$ für jedes x einen anderen Wert annimmt. Das ist theoretisch wie praktisch gar nicht möglich, da ja $|K| \gg |H|$. Es soll daher Kollisions*resistenz* angestrebt werden, d. h., es möglichst zu erschweren bis unmöglich zu machen, eine Kollision von zwei beliebigen x finden zu können. Genauso wenig soll zu einem gegebenen x eine Kollision gefunden werden können.

- Einwegfunktion: Die Umkehrung $h^{-1}(x)$ sollte unmöglich oder mindestens äußerst aufwendig zu berechnen sein.

Mit diesen Eigenschaften ist die Signierung eines Hashes praktisch genauso sicher wie die des gesamten Textes.[36]

3.5 Sicherung der Transportschicht

Die in der Anwendungsschicht verwendeten Protokolle HTTP, FTP, POP/SMTP bzw. IMAP kommunizieren mit Hilfe des TCP-Protokolls.[37] TCP wird im Allgemeinen als zuverlässig und verbindungsorientiert beschrieben, das bedeutet:

- Verschickte Daten kommen an, andernfalls wird ein Fehler zurückgeschickt.

- Die Daten treffen in der gleichen Reihenfolge ein, wie sie gesendet wurden.[38]

3.5.1 TLS (Transport Layer Security)

Mit diesen Eigenschaften ist das Schutzziel der Verfügbarkeit so gut es geht implementiert. Allerdings bietet TCP keine Möglichkeit zur Authentifikation, Integritätsprüfung und Vertraulichkeit. Aus diesem Grund wurde in der Transportschicht eine neue Ebene namens TLS (Transport Layer Security, zuvor SSL, Secure Sockets Layer) über der TCP-Ebene eingeführt. Es kann also nur das Datenfeld von TCP gesichert werden, nicht der TCP-Header.[39] Bei einer weiterhin möglichen Veränderung des Headers von außen wird die Verbindung desynchronisiert und die Partner somit zur Neusynchronisation gezwungen. Auf dieser Basis ließe sich

---

36 Vgl. [PPUC], S. 296.
37 Vgl. [SLS], S. 18.
38 Vgl. [FWLN], S. 59f.
39 Vgl. [BTLS].

eine DoS-Attacke[40] aufbauen.[41] Aus diesem Grund besteht weiterhin die dringende Empfehlung an die Clients, trotz der Datensicherheit von TCP mit TLS, das zur Verfügung gestellte IPsec-VPN auch zu nutzen.[42]

TLS besteht aus einem „Basisprotokoll", einem Fundament, auf dem jeglicher Verkehr abgewickelt wird (TLS Record Protocol), und darauf aufbauenden Protokollen zum Schlüsselaustausch (TLS Handshake Protocol), Übertragen von Anwendungsdaten (TLS Application Data Protocol), einem Protokoll, das die Änderung des Verschlüsselungsverfahrens anzeigt (TLS Change Cipher Spec Protocol) und einem Protokoll zum Austausch von Warnungs- und Fehlercodes (TLS Alert Protocol).[43] Dabei wird die sichere Verbindung durch das Handshaking-Verfahren ermöglicht.[44]

3.5.2 Der TLS-Handshake

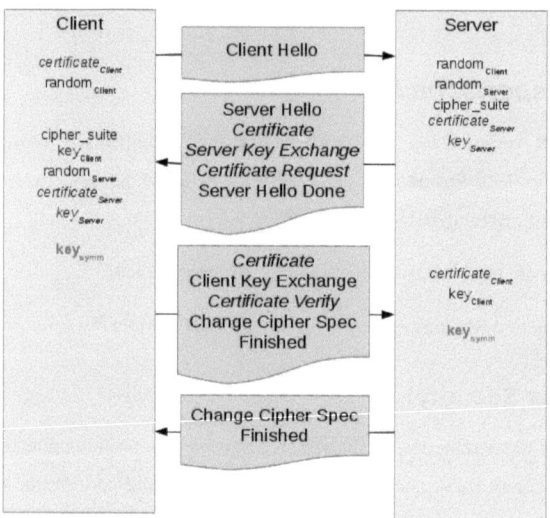

Abbildung 5: Aufbau eines vollständigen TLS-Handshakes. Kursiv dargestellte Nachrichten und Werte sind optional.

Wie bei IPsec ist auch bei TLS das Schlüsselaustauschprotokoll der maßgebende Faktor in Puncto Sicherheit. Der eigentliche Schlüsselaustausch geschieht dabei nur durch maximal zwei Nachrichten (*Server* bzw. *Client Key Exchange*). Der restliche Overhead wird benötigt, um Algorithmen zu verhandeln, die Integrität zu garantieren etc.[45]

Der *Client Hello* ist die Anfrage des Clients, einen Handshake durchzuführen. Er sendet

---

40   Eine Attacke mit dem Ziel, den Dienst nicht mehr verfügbar zu machen. Vgl. [FWLN], S. 153.
41   Vgl. [SDOS].
42   Damit kann allerdings nicht vermieden werden, dass sich ein böswilliger Angreifer zum Server verbindet. Siehe dazu Kapitel 4: Auswertung.
43   Vgl. [RTLS], S. 14f., S. 25f., S. 31, S. 33, S. 53.
44   Ein erklärtes Beispiel für einen so durchgeführten Datenaustausch findet ich in Anhang 7.4: Der Aufbau von TLS.
45   Vgl. ebd., S. 31.

eine 28 Byte lange Zufallszahl mit, die später zur Authentifikation benötigt wird, sowie seine Vorschläge für die zu verwendende Schlüsselaustauschmethode sowie für den Verschlüsselungsalgorithmus.[46]

Der Server antwortet mit dem *Server Hello*, schickt seinerseits 28 zufällige Bytes mit und wählt jeweils einen Vorschlag aus. Je nachdem, welche Methode gewählt wurde, schickt er ein Zertifikat mit.[47] Nur mit diesem kann die Integrität der Daten überprüft werden, Server und Client sollten also konfigurationsbedingt nur integre Schlüsselaustauschmethoden unterstützen![48]

Wenn der Schlüssel nicht bereits im übermittelten Zertifikat steckt, wird nun eine Schlüsselübertragung seitens des Servers notwendig. Dies ist die erste Nachricht, welche authentifiziert wird. Der Server überträgt seinen öffentlichen Schlüssel (z. B. die drei Diffie-Hellman-Werte g, p, A) und signiert einen Hash, der aus den beiden zuvor gesendeten Zufallszahlen sowie dem mit dieser Meldung übertragenen Schlüssel besteht, mit einem asymmetrischen Verschlüsselungsverfahren und dem dazugehörigen privaten Schlüssel.[49]

Als nächstes kann der Server, wenn er sich selbst bereits authentifiziert hat, eine Authentifizierung des Clients anfordern. Dies sollte nur implementiert werden, wenn das auch wirklich gewünscht ist (z. B. beim Datenverkehr zwischen zwei Bankservern). Im aktuellen Szenario aber wollen wir mit jedem x-beliebigen Client kommunizieren können, eine Authentifikation ist daher nicht notwendig.[50]

Das *Server Hello Done* signalisiert schließlich, dass die Hello-Phase beendet ist und der zweite Teil des Handshakes beginnen kann.[51]

Dies geschieht, indem der Client auf ein *Certificate Request* mit seinem Zertifikat reagiert, gab es diesen nicht, schickt er sofort den Client Key (je nach Schlüsselaustauschmethode, z. B. der letzte Diffie-Hellman-Wert B), welcher mit dem öffentlichen Schlüssel des Servers verschlüsselt wurde.[52]

Falls der Client ein Zertifikat gesendet hat, mit dem signiert werden kann, folgt jetzt ein *Certificate Verify*, der den signierten Hash aller bisher gesendeten und empfangenen Hand-

---

46 Vgl. ebd., S. 36-39.
47 Siehe Anhang 7.6.
48 Vgl. [RTLS], S. 39-42, S. 75.
49 Vgl. ebd., S. 42-44.
50 Vgl. ebd., S. 44-46.
51 Vgl. ebd., S. 46.
52 Vgl. ebd., S. 46-50.

shake-Nachrichten enthält (der *Certificate Verify* ist dabei ausgeschlossen). Dies ermöglicht eine Authentisierung des Clients.[53]

Beide Hosts berechnen jetzt für sich den symmetrischen Schlüssel (aus der Verknüpfung zweier Hashes der Zeichenkette „master string" + die beiden gesendeten Zufallszahlen), aus welchem weitere Schlüssel für das Application Data Protocol abgeleitet werden.[54]

Das jetzt folgende *Change Cipher Spec* (eigenes Protokoll, offiziell nicht Teil des Handshakes), signalisiert, dass sofort auf die ausgehandelte Verschlüsselung mit dem berechneten Schlüssel gewechselt wird.[55]

Die *Finished*-Meldung wird also bereits verschlüsselt gesendet. Sie bedeutet zum einen das Ende des Handshakes, zum anderen dient sie der Integritäts- und Vertraulichkeitsprüfung. Sie enthält einen Hash, der alle bisher gesendeten Daten und den symmetrischen Schlüssel enthält. So wird ein doppelter Schutz vor Angreifern eingerichtet: Damit ein Man-in-the-Middle die Daten ausspähen kann, muss er sie durch selbst eingeschleuste Schlüssel beim Schlüsselaustausch manipulieren (ansonsten kann er den symmetrischen Schlüssel nicht berechnen). Beim authentifizierten Diffie-Hellman-Schlüsselaustausch fällt der Angreifer bereits beim *Server Key Exchange* wegen der Integritätsverletzung auf, bei Schlüsselaustauschverfahren, bei welchen kein *Server Key Exchange* nötig ist, erst mit der *Finished*-Meldung. Der vom Client gesendete Schlüssel kann vom Angreifer nicht gelesen werden, da er mit dem öffentlichen Schlüssel des Servers verschlüsselt ist. Infolgedessen kann der Angreifer weder den Hash, noch die gesamte gültige *Finished*-Meldung an den Client fälschen und die Integritätsverletzung fällt auf.[56]

Wurde die Integrität aber nicht verletzt, läuft die Kommunikation auch vertraulich, da ein nur passiver Angreifer den symmetrischen Schlüssel nicht berechnen kann.[57]

3.6 Sicherung der Anwendungsschicht

Nun, da das System bereits den Anforderungen Verfügbarkeit, Vertraulichkeit, Integrität und Authentifizierung entspricht, könnte man an diesem Punkt eigentlich aufhören. Fast. Denn in der jetzigen Konfiguration hat sich zwar der Server authentifiziert, allerdings nicht

---

53 Vgl. ebd., S. 50f.
54 Vgl. ebd., S. 51f., S. 20-24.
55 Vgl. ebd., S. 25f.
56 Vgl. ebd., S. 51f., S. 75.
57 Vgl. ebd., S. 75.

der Client. Nur wenn er selber beim IKEv2 bzw. TLS-Handshake ein Zertifikat mitgesendet hat, ist zwar die Maschine identifiziert, an der er sitzt, jedoch auch nicht die zugreifende Person selbst. Beim Mailserver ergibt sich das weitere Problem, dass Daten auch noch vom Server aus an andere Server weitergesendet werden und somit keine Kontrolle mehr über die Verwendung von IPsec und TLS herrscht.

3.6.1 Client-Authentifikation bei Web-Inhalten

Am Webserver lässt sich relativ einfach eine Client-Authentifikation erzwingen, sofern das überhaupt gewollt ist. Wenn die Information sowieso der ganzen Welt zugänglich sein soll, kann eine Client-Authentifikation auch unsinnig sein. Wenn aber nicht, wird dem Server mitgeteilt, in welcher Datei sich die Benutzernamen mit den zugehörigen Passwörtern befindet. Wird nun eine geschützte Ressource angefragt, muss sich der Client in einem Passwort-Dialog authentifizieren, um dann vom Server autorisiert zu werden. Der Server ist so zu konfigurieren, dass der Client Passwörter nicht im Klartext, sondern als MD5-Hash versendet. Dies schafft zusätzliche Sicherheit – einen doppelten Boden, sozusagen.[58]

3.6.2 SFTP (SSH File Transfer Protocol) oder FTPS (FTP over TLS)

FTP (File Transfer Protocol) bekommt einen Unterbau. Ähnlich wie die IP-Pakete, die über IPsec getunnelt werden, soll FTP über SSH (Secure Shell) getunnelt werden. Das SSH-Protokoll besteht aus mehreren Teilen, wobei Secure Shell Transport Layer Protocol dem TLS-Protokoll ähnelt. Es wird ebenfalls nur der Server authentifiziert, ein Schlüssel per Diffie-Hellman-Schlüsselaustausch übertragen und dann die SSH-Kommunikation verschlüsselt. Wie bei TLS wird auf Basis des Serverzertifikats die Integrität überprüft.[59]

Auf diesem verschlüsselten Kanal verlangt das SSH Authentication Protocol nun eine Authentifizierung des Clients, wahlweise über ein passwortgeschütztes Zertifikat oder nur über ein Passwort. Der Client muss also beweisen, dass der Mensch, der vor dem Rechner sitzt, das entsprechende Passwort kennt.[60]

SSH lässt sich so konfigurieren, dass bei erfolgreicher Authentifikation das SFTP-System (SSH File Transfer Protocol)[61] gestartet wird, sofort zur Verfügung steht und der Datenaus-

---

58 Vgl. [AAAA]; [AMAD].
59 Vgl. [YSS1], S. 3, S.15f.
60 Vgl. [YSS2], S. 8-12.
61 Vgl. [GSFTP], S. 1.

tausch jetzt durch das SSH-Protokoll geleitet wird.[62] Der Nachteil von SFTP liegt im Aufbau der SSH-Zertifikate. Da sie von keiner Zertifizierungsstelle verifiziert werden, müssen Client und Server auf andere Weise dafür sorgen, dem Zertifikat vertrauen zu können. Das Problem des Schlüsselaustausches rückt hier wieder in den Vordergrund.[63]

Alternativ bietet sich das sog. FTPS (FTP over TLS) an. Hier nutzt das FTP-Protokoll das bereits eingerichtete TLS. Es wird somit die Verschlüsselung und Serverauthentifikation aktiviert. Der Vorteil besteht in den vollständig überprüfbaren Zertifikaten, da der Server auch das Zertifikat der ausstellenden Zertifizierungsstelle mitschickt. Allerdings muss hier immer noch für eine Benutzerauthentifikation in der Konfiguration des Servers gesorgt werden. Außerdem gibt es im Vergleich zu SFTP weniger Serversoftware, die FTPS unterstützt.[64]

3.6.3 PGP (Pretty Good Privacy) in E-Mails

Allein über die Einrichtung eines Mailservers ließe sich eine gesamte Arbeit schreiben. Da Benutzerauthentifikation im Mailserver bzw. in den zugrunde liegenden Protokollen (SMTP / POP3 bzw. IMAP) von vornherein implementiert ist (man kann nur auf die E-Mails zugreifen, die über eine bestimmtes Mailkonto laufen, zu welchem man das Passwort kennen muss), soll deswegen hier nur kurz die Problematik der mangelnden Kontrolle über alle Schichten bis auf die oberste erwähnt werden.

Für die Kommunikation zwischen Mailkontoinhaber und Mailserver kann der Server die Bedingungen vorgeben. Im konkreten Fall heißt das: sichere Kommunikation über TLS (und evtl. IPsec). Wenn jetzt aber E-Mails vom Benutzer an fremde Mailserver geschickt werden sollen oder Mails von fremden Mailservern empfangen werden sollen, kann es durchaus sein, dass diese Mailserver die entsprechenden Sicherheitsvorkehrungen nicht unterstützen. Wenn der Mailserver allein wegen der nicht erfüllten Sicherheitsziele die Zustellung bzw. den Empfang verweigern würde, wäre dann eindeutig das Ziel eines Mailservers verfehlt. Welcher Client wird Kunde eines Mail-Providers, bei dem die Hälfte der Mails nicht zugestellt wird?

Eine Möglichkeit ist die obligatorische und transparente Nutzung von PGP am Mailserver.[65] PGP (Pretty Good Privacy) ist ein häufig benutztes System zur Signatur und Verschlüsselung von E-Mails. Wieder einmal besitzt man einen Public und einen Private Key. Der ver-

---

62 Vgl. [BCSP].
63 Vgl. [MFS].
64 Vgl. ebd.
65 Vgl. [BGPG].

wendete Algorithmus ist RSA. Allerdings wird nicht die gesamte E-Mail RSA-verschlüsselt, sondern nur ein symmetrischer Schlüssel, der mit der E-Mail mitgeschickt wird und mit dem der Text verschlüsselt wird (analog zum RSA-basierten Schlüsselaustausch bei TLS). Der Public Key der Anwender liegt auf sog. Keyservern, Verzeichnissen, die die öffentlichen Schlüssel zum Herunterladen horten, ist aber nicht verifiziert, d. h., es besteht die Möglichkeit, dass die Identität des Schlüssels gefälscht ist. Zur sicheren Verwendung von PGP sollte der Client also vor der eigentlichen Kommunikation mit dem Kommunikationspartner probehalber z. B. einen Diffie-Hellman-Schlüsselaustausch vornehmen, wobei die gesendeten Werte mit dem Public Key des Gegenübers verschlüsselt werden.[66]

Eigentlich ist PGP ein Client-to-Client-System, d. h., es wird bereits vor dem Versand der Mail an den lokalen Mailserver benutzt und erst lokal beim Empfänger wieder. Um die Kommunikation aber zu erleichtern, bietet sich an, das System für den Client transparent zu gestalten und die Mail erst auf dem Server automatisch zu verschlüsseln und zu signieren. Die Vorteile dabei sind ganz klar die Einfachheit und die erzwungene Verwendung. Allerdings müssen auf dem Server dann die verschlüsselten privaten Schlüssel aller Benutzer und deren Passwörter gespeichert werden. Dies lässt sich seltenst verantworten. Will man PGP in dieser Form verwenden, muss auf jeden Fall für Datenschutz und Datensicherheit auf der Servermaschine gesorgt werden.[67]

---

66   Vgl. [SGH], S. 353-365; [GPGP].
67   Vgl. [BGPG].

4 Auswertung

In dieser Arbeit wurde gezeigt, wie sich jede einzelne Schicht des TCP/IP-Referenzmodells und damit der Kommunikationskanal zwischen Client und Server sinvoll und im wirtschaftlichen Rahmen absichern lässt. Selbstverständlich hätte man auch anführen können, zum Zwecke der Sicherheit auf der Netzzugangsschicht die Deutsche Telekom AG aufzukaufen, doch bleiben die hier vorgestellten Maßnahmen realistisch und werden in der Praxis auch häufig verwendet. Im Hinblick auf unsere sieben Ziele haben wir folgendes erreicht:

1. Vertraulichkeit: Die Vertraulichkeit der Kommunikation ist auf der Netzzugangsschicht bis zur TAL physikalisch gegeben. Auf der Internetschicht wird diese durch IPsec und den sicheren Schlüsselaustausch mittels IKEv2 verwirklicht. Selbst wenn ein Client IPsec nicht nutzen will oder kann, wird das mittlerweile auf so gut wie jedem System implementierte TLS verwendet, was vertrauliche Kommunikation garantiert. Für den FTP-Server kann auch das vertrauliche SSH-Protokoll zum Einsatz kommen, welches serverseitig (auf Linux-Servern) standardmäßig verfügbar sein sollte. E-Mails sind dann vertraulich, wenn der öffentliche Schlüssel des Empfängers bekannt ist und die E-Mail mittels PGP verschlüsselt wurde.

2. Integrität: Auch die Integrität kann auf Netzzugangsebene nur bis zur TAL garantiert werden. IPsec, TLS und SSH haben aber eine kombinierte Authentifikations- und Integritätsprüfung. In der E-Mail-Kommunikation zeigt die Nachricht bei Verwendung von PGP und verletzter Integrität ein ungültige Signatur, auch hier ist also eine Integritätsprüfung implementiert.

3. Verfügbarkeit: Die Verfügbarkeit wird bis zur TAL garantiert, darüber hinaus durch das verbindungsorientierte und zuverlässige TCP-Protokoll.

4. Authentifizierung: Durch IPsec und TLS wird eine Serverauthentifikation möglich, SSH und HTTP bieten außerdem noch Möglichkeiten zur Clientauthentifikation. Bei den Mailprotokollen ist diese ebenfalls fest verankert, der FTP-Server müsste bei Nutzung von FTPS noch entsprechend konfiguriert werden.

5. Einfachheit der Bedienung: Es wurde alles unternommen, um die Bedienung für den Client so intuitiv wie möglich zu gestalten, indem auf vorhandene und unterstützte Standards zurückgegriffen wird. Einzig und allein die Nutzung von IPsec verlangt ein

INTERNETSICHERHEIT IN DER PRAXIS

Seminararbeit im Fach Mathematik

von Frank Kottler

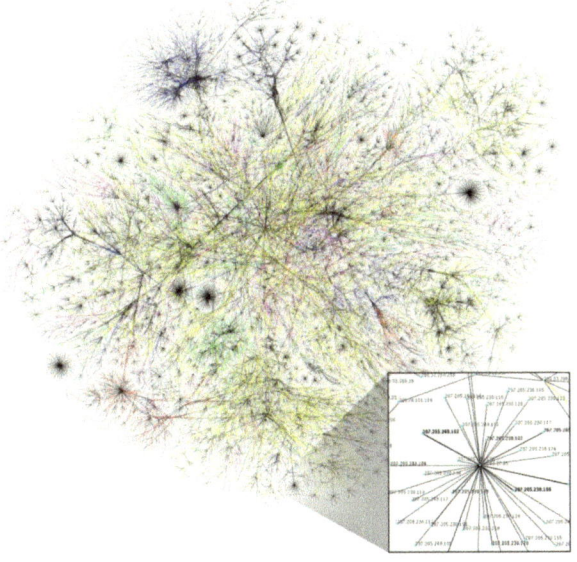

W-Seminar Kryptographie

2., korrigierte Auflage

5 Abbildungsverzeichnis

6 Literaturverzeichnis

[AAAA]   The Apache Software Foundation (Hrsg.): Apache HTTP Server Version 2.2. Authentication, Authorization and Access Control. http://httpd.apache.org/docs/current/howto/auth.html (Stand: 06.11.2011)

[AMAD]   The Apache Software Foundation (Hrsg.): Apache HTTP Server Version 2.2. Apache Module mod_auth_digest. http://httpd.apache.org/docs/current/mod/mod_auth_digest.html (Stand: 06.11.2011)

[BCIE]   Baccala, Brent (Hrsg.): Connected: An Internet Encyclopedia. IP Packet Structure. http://www.freesoft.org/CIE/Course/Section3/7.htm (Stand: 01.11.2011)

[BCSP]   Bayrak, Sezgin: Chrooted SFTP with Public Key Authentication. http://www.ipsure.com/blog/2010/chrooted-sftp-with-public-key-authentication/ (Stand: 06.11.2011)

[BGPG]   Billen, Kai: Deutsche GnuPG Anleitung. Anhang 5: Applikationen. http://hp.kairaven.de/pgp/gpg/gpganhang5.html (Stand: 06.11.2011)

[BSIR]   Becher, Florian / Steitz, Jonas: ISO/OSI-Referenzmodell. Seminararbeit. http://lernarchiv.bildung.hessen.de/sek_ii/informatik/13.2/rechnernetze/OSI_Ausar beitung.pdf (Stand: 25.01.2011)

[BTLS]   Boberski, Michael et al.: Transport Layer Protection Cheat Sheet. https://www.owasp.org/index.php/Transport_Layer_Protection_Cheat_Sheet (Stand: 02.11.2011)

[CPBT]   Dr. Corwin, Edward M.: Binomial Theorem. http://www.mcs.sdsmt.edu/~ecorwin/cs251/bin_thm/bin_thm.html (Stand: 02.11.2011)

[CSDI]   Prof. Dr. Claus, Volker / Prof. Dr. Schwill, Andreas: Duden. Informatik A-Z. Fachlexikon für Studium, Ausbildung und Beruf. Mannheim ⁴2006.

[DCIS]   Dubrawsky, Ido: Configuring IPsec/IKE on Solaris, Part One. http://www.symantec.com/connect/articles/configuring-ipsecike-solaris-part-one (Stand: 01.11.2011)

[DIPA]   Das, Kaushik: IPv6 Addressing. http://ipv6.com/articles/general/IPv6-Addressing.htm (Stand: 31.10.2011)

[FDSS]   National Institute of Standards and Technology, Information Technology Laboratory (Hrsg.): Digital Signature Standard (DSS). FEDERAL INFORMATION PROCESSING STANDARDS PUBLICATION. http://csrc.nist.gov/publications/fips/fips186-3/fips_186-3.pdf (Stand: 05.11.2011)

[FEZP]   Forster, O.: Einführung in die Zahlentheorie. § 9. Primitivwurzeln. http://www.mathematik.uni-muenchen.de/~forster/v/zth/inzth_09.pdf (Stand: 06.11.2011)

[FIGI]   Friedl, Steve: An Illustrated Guide to IPsec.

http://www.unixwiz.net/techtips/iguide-ipsec.html (Stand: 31.10.2011)

[FSCE] Ferguson, Niels / Schneier, Bruce: A Cryptographic Evaluation of IPsec.
http://www.schneier.com/paper-ipsec.pdf (Stand: 30.10.2011)

[FWGM] Martin, Franck: SSL Certificates HOWTO. Using Certificates in Applications.
http://tldp.org/HOWTO/SSL-Certificates-HOWTO/x341.html (Stand: 01.11.2011)

[FWLN] Dr. Fischer, Stefan / Walther, Ulrich: Linux-Netzwerke. Aufbau, Administration,
Sicherung. Nürnberg 2000.

[GFSW] Gilmore, John et al.: Introduction to FreeS/WAN. How to configure FreeS/WAN.
http://www.freeswan.org/freeswan_trees/freeswan-2.06/doc/config.html (Stand:
01.11.2011)

[GPGP] Gill, Stephen: PGP Key Verification.
http://www.cymru.com/gillsr/documents/pgp-key-verification.htm (Stand:
06.11.2011)

[GSFTP] Galbraith, Joseph / Saareenmaa, Oskari: SSH File Transfer Protocol. draft-ietf-
secsh-filexfer-13.txt. http://tools.ietf.org/html/draft-ietf-secsh-filexfer-13 (Stand:
06.11.2011)

[IBMI] IBM Corp.: Initial exchange. z/OS V1R12.0 Communications Server IP Diagnosis
Guide. http://publib.boulder.ibm.com/infocenter/zos/v1r12/index.jsp?topic=
%2Fcom.ibm.zos.r12.hald001%2Finitex.htm (Stand: 01.11.2011)

[ISIIP] Information Science Institute (University of Southern California): Internet
Protocol. DARPA Internet Program. Protocol Specification.
http://www.freesoft.org/CIE/RFC/Orig/rfc791.txt (Stand: 18.09.2011)

[KCM] Kerckhoffs, Auguste: La Cryptographie Militaire.
http://www.petitcolas.net/fabien/kerckhoffs/crypto_militaire_1.pdf (Stand:
13.09.2011)

[KHCT] Kuri, Jürgen: „Hätt ich dich heut erwartet..." Das Internet hat Geburtstag – oder
nicht? In: c't – Magazin für Computertechnik 21/1999, S. 128-134.

[KIKE] Kaufman, Charlie (Hrsg.): Internet Key Exchange (IKEv2) Protocol.
http://tools.ietf.org/html/rfc4306 (Stand: 01.11.2011)

[KTEAP] Kroeselberg, Dirk / Tschofenig, Hannes: EAP IKEv2 Method. (EAP-IKEv2).
http://tools.ietf.org/html/draft-tschofenig-eap-ikev2-00 (Stand: 01.11.2011)

[LIWH] Dipl.-Ing. Lipinski, Klaus: ITWissen. Hop.
http://www.itwissen.info/definition/lexikon/Hop-hop.html (Stand: 27.10.2011)

[LMG] Lang, Hans Werner: Die multiplikative Gruppe modulo n. http://www.inf.fh-
flensburg.de/lang/krypto/grund/gruppezn.htm (Stand: 05.11.2011)

[MFS] Mayevski, Eugene: FTPS vs. SFTP: what to choose.
http://www.delphi3000.com/articles/article_4881.asp (Stand: 06.11.2011)

[MME] Moorhouse, Eric G.: Applied Algebra. Modular Exponentiation of Integers.
http://www.uwyo.edu/moorhouse/courses/3500/modular_exponentiation.pdf
(Stand: 04.11.2011)

[PLH] Prof. Dr. Paar, Christof: Introduction to Cryptography and Data Security. Lecture

20. Hash Function. http://www3.crypto.rub.de/SoSe_2011/Kry_07.html (Stand: 07.11.2011)

[PPHN]   ProPrat: How network works. MAC-address and IP-address relationship. http://www.laneye.com/network/how-network-works/mac-address-and-ip-address-relationship.htm (Stand: 31.10.2011)

[PPUC]   Prof. Dr. Paar, Christof / Dr. Pelzl, Jan: Understanding Cryptography. Hash Functions. http://wiki.crypto.rub.de/Buch/download/Understanding-Cryptography-Chapter11.pdf (Stand: 07.11.2011)

[PSR]   Pfitzmann, Andreas: Sicherheit in Rechnernetzen: Mehrseitige Sicherheit in verteilten und durch verteilte Systeme. http://dud.inf.tu-dresden.de/~pfitza/DSuKrypt.pdf (Stand: 18.09.2011)

[PVH]   Prof. Dr. Paar, Christof: Vorlesung 21: Hashfunktionen. http://www3.crypto.rub.de/Vorlesung2/Kry_10.html (Stand: 06.11.2011)

[RCPW]   Rentrop, Christian: Privacy Watch: Sicherheit gegen Komfort. Warum Sicherheits-Fanatismus sinnlos ist. http://www.netzwelt.de/news/71261-privacy-watch-sicherheit-gegen-komfort.html (Stand: 06.11.2011)

[RDH]   RSA, The Security Division of EMC: What is Diffie-Hellman? http://www.rsa.com/rsalabs/node.asp?id=2248 (Stand: 02.11.2011)

[RTLS]   Rescorla, Eric et al.: The Transport Layer Security (TLS) Protocol. Version 1.1. Hrsg. v. Dierks, Tim / Rescorla, Eric. http://www.networksorcery.com/enp/rfc/rfc4346.txt (Stand: 02.11.2011)

[SDOS]   Secunia ApS: Secunia Advisory 21226. Sun Solaris ACK Storm Denial Of Service Vulnerability. http://secunia.com/advisories/21226 (Stand: 02.11.2011)

[SGH]   Singh, Simon: Geheime Botschaften. Die Kunst der Verschlüsselung von der Antike bis in die Zeiten des Internet. München [9]2010.

[SSE2]   Schröder, Peter: Problemseminar E-Commerce. Sicherheit und E-Commerce. Anforderungen an ein sicheres elektronisches Zahlungssystem. http://dbs.uni-leipzig.de/html/seminararbeiten/semWS9900/arbeit2/Kapitel2.htm (Stand: 30.10.2011)

[SLCT]   Dr. Steffen, Andreas: Leichter tunneln. Wie IPSec-VPNs einfacher und flexibler werden sollen. In: c't – Magazin für Computertechnik 20/2007, S. 210-213.

[SLS]   Schäfer, Stefan: Der Linux-Server. Lösungen für SuSE-Admins. Böblingen 2007.

[TTI]   TechTarget: What is IPsec (Internet Protocol Security)? Definition from Whatis.com. http://searchmidmarketsecurity.techtarget.com/definition/IPsec (Stand: 31.10.2011)

[TTQ]   TechTarget: What is QoS (Quality of Service)? Definition from Whatis.com. http://searchunifiedcommunications.techtarget.com/definition/QoS-Quality-of-Service (Stand: 01.11.2011)

[TTT]   TechTarget: What is TCP (Transmission Control Protocol)? Definition from Whatis.com. http://searchnetworking.techtarget.com/definition/TCP (Stand: 31.10.2011)

[VAD]   o. Univ. Prof. Dr. van As, Harmen R.: Datenkommunikation. Teil 3A.

http://www.fet.at/twiki/pub/Beispielsammlung/VoDatenkommunikationVanAsLva/
02_SkriptumVanAsTeil3_Datenkommunikation.pdf (Stand: 09.10.2011)

[VIKE]   Vocal Technologies, Ltd.: Internet Key Exchange version 2 (IKEv2) Protocol.
http://www.vocal.com/security/ikev2.html (Stand: 01.11.2011)

[VSSL]   VeriSign, Inc.: Secure Sockets Layer (SSL): So funktioniert es.
https://www.verisign.de/ssl/ssl-information-center/how-ssl-security-
works/index.html (Stand: 04.11.2011)

[YSS1]   Ylonen, Tatu: The Secure Shell (SSH) Transport Layer Protocol. Hrsg. v. Lonvick,
Chris. http://tools.ietf.org/html/rfc4253 (Stand: 06.11.2011)

[YSS2]   Ylonen, Tatu: The Secure Shell (SSH) Authentication Protocol. Hrsg. v. Lonvick,
Chris. http://www.ietf.org/rfc/rfc4252.txt (Stand: 06.11.2011)

7 Anhang: Hinweise und Ergänzungen zum Text

7.1 Das TCP/IP-Referenzmodell und seine Schichten

7.1.1 Das TCP/IP-Referenzmodell

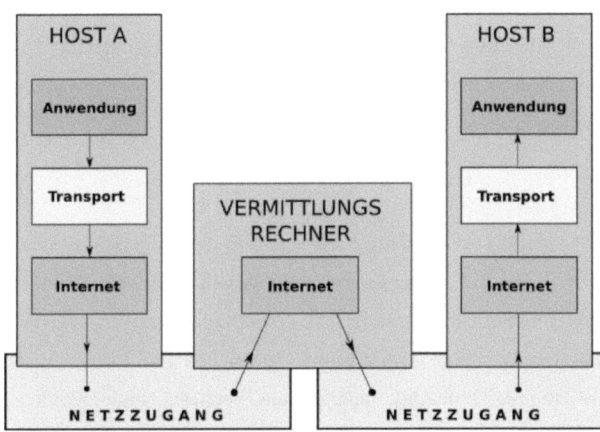

Abbildung 6: Die Kommunikation zweier Hosts nach dem TCP/IP-Referenzmodell.

Die Kommunikation im Internet beruht auf mehreren Schichten. Zur Erklärung werden verschiedene Modelle herangezogen. Ziel ist es, die Spezifikation des Mediums Internet in Subgruppen zu spalten und diese als aufeinander aufbauend zu betrachten. Das wohl bekannteste Modell, ein Kommunikationssystem funktionell zu unterteilen, ist das ISO/OSI-Schichtenmodell. Es untergliedert äußerst fein, schließlich soll es ja auf jedes beliebige Kommunikationssystem zutreffen, doch auf das Internet bezogen lässt sich diese Gliederung weiter generalisieren, weswegen das TCP/IP-Referenzmodell[68] entwickelt wurde, welches mehrere Schichten des ISO/OSI-Modells zusammenfasst.[69]

Abbildung 6 verdeutlicht beispielhaft die Funktionsweise der Kommunikation zweier Hosts nach dem TCP/IP-Referenzmodell. Ein Datenpaket von Host A zu Host B nimmt den Weg von der obersten Schicht, die auf allen anderen aufbaut, zur fundamentalen Schicht, über den Vermittlungsrechner und zu Host B, der das Paket bis hin zur obersten Schicht wieder entpackt.

---

68 Für die Unterscheidung von Schichten- und Referenzmodell siehe [BSIR], S. 11f. TCP/IP ist ebenso der
Name der verwendeten Protokolle in den unteren Schichten. Deren Standardisierung und Übernahme ins
ARPANET (siehe [KHCT]) am 1. Januar 1983 gilt als Geburtsstunde des Internets.
69 Vgl. [FWLN], S. 16-18.

7.1.2 Netzzugangsschicht

Die fundamentale Schicht ist die Netzzugangsschicht.[70] Ihre Aufgabe besteht hauptsächlich in der Übertragung der einzelnen Bits[71], das heißt, hier geht es um die physikalische Normung und Codierung der Übertragung – welche Anschlüsse verwendet werden, wie eine 0 oder 1 elektronisch oder optisch dargestellt werden usw. Man stelle sich diese Schicht als eine direkte Verbindung über Kupferkabel/Funk/Glasfaser vor.[72] Zum Einsatz kommende Protokolle sind hier z. B. Ethernet oder IEEE 802.11 (WLAN). Um Daten auf der Netzzugangsschicht an den richtigen Empfänger zu verschicken, erhält jedes Netzwerkgerät (LAN-Karte, WLAN-Chip etc.) eine weltweit einzigartige Adresse, die sog. MAC-Adresse.

7.1.3 Internetschicht

Die darüber liegende Schicht dient der Vermittlung.[73] Hier geht es darum, dass das Paket den richtigen Weg zum Zielhost findet. Auf dieser Ebene findet das Routing statt. Mithilfe ausgeklügelter Algorithmen wird (im Normalfall[74]) der effizienteste Pfad zwischen zwei Knoten im Graphen gesucht (nach bestem Bemühen – „best effort"[75]). Das hier zum Einsatz kommende Protokoll nennt sich IP (Internet Protocol). Jeder an ein Netzwerk angeschlossene Rechner bekommt eine Adresse, an die IP-Pakete geschickt werden können, die sog. IP-Adresse, die heutzutage (noch[76]) eine Länge von 32 Bits[77] aufweist (sog. IPv4[78]). Diese ist im gesamten Subnetz, also in einem zusammenhängenden Teilgraphen des gesamten Netzes, bei welchem die ersten Bits der IP-Adresse festgelegt sind[79], einzigartig.

7.1.4 Transportschicht

Die folgende Schicht ist in ihrer Aufgabe ein Vermittler zwischen den Anwendungsdaten und dem Internet. Sie kümmert sich um Verbindungsauf- und -abbau und sorgt dafür, dass alle

---

70 Vgl. [FWLN], S. 17 u. 19.
71 Zur Definition des Bits siehe [CSDI], S. 106.
72 Selbstverständlich gibt es noch andere Standards, für eine Übersicht empfiehlt sich [CSDI], S. 560-564.
73 Vgl. [FWLN], S. 20.
74 Eine Ausnahme stellt zum Beispiel das TOR-Netzwerk dar, das für die Pakete längere Wege über Hosts der ganzen Welt sucht, um die eigene Identität (bzw. den Paketursprung) zu verschleiern. Anonymität ist jedoch auf keinen Fall mit Sicherheit gleichzusetzen, in den meisten Punkten und Herangehensweisen widersprechen sich diese sogar.
75 Vgl. [FWLN], S. 33.
76 Immer mehr Hosts rufen Webseiten auch über das IPv6-Protokoll auf. Hier ist die IP-Adresse 128 Bits lang. Vgl. [DIPA].
77 Vgl. [ISIIP], S. 14.
78 Für die IPv4-Spezifikation siehe [ISIIP].
79 Abhängig von der Anzahl der festen Bits (8, 16 oder 24) unterscheidet man zwischen Class-A-, Class-B- und Class-C-Subnetzen.

Daten übertragen werden bzw. dass unterwegs verloren gegangene Daten nochmals gesendet werden. Die hier verwendeten und für netzwerksicherheitstechnische Betrachtungen relevanten Protokolle nennen sich TCP (Transmission Control Protocol) und UDP (User Datagram Protocol).[80]

7.1.5 Anwendungsschicht

Hier sendet die Anwendung Daten zum Zielhost. Die verwendeten Protokolle sind sehr vielfältig (jede Anwendung folgt ihrem eigenen, speziellen Protokoll). Hier findet kein Transport mehr zu höheren Ebenen statt, nur die Anwendung und niemand sonst muss wissen, wie sie mit den Daten umgeht. Daher gibt es sehr viele Normen (wie z. B. das HTTP-, FTP-, oder Telnet-Protokoll), aber auch ungenormte proprietäre Protokolle (wie z. B. das Skype-Protokoll). Den Transportprotokollen wird mit auf den Weg gegeben, durch welche „Tür" – genannt Port – zur Anwendungsschicht die Pakete hindurch müssen. Die Anwendungen können dann an diesen Ports auf Pakete warten (sog. Lauschen bzw. Listening).[81]

7.1.6 Das Zusammenspiel der Ebenen

Um einen korrekten Datenfluss zu gewährleisten, werden die Ebenen ineinander verschachtelt. Die niedrigste Ebene, der Netzzugang, ist belegt mit einer Reihe von Daten. Diese lassen sich weiter untergliedern: Diese Daten sind nichts weiter als ein IP-Paket, welches im Datenteil ein TCP- oder UDP-Paket trägt, welches wiederum in seinem Datenteil ein Paket der entsprechenden Anwendung trägt. Der Aufbau lässt sich mit einer Matroschka-Puppe vergleichen.[82]

---

80 Vgl. [FWLN], S. 21.
81 Vgl. ebd., S. 21f.
82 Vgl. [PPHN].

7.2 Der Aufbau eines IP-Pakets

0	1	2	3	4	5	6	7	8	9	10	11	12	13	14	15	16	17	18	19	20	21	22	23	24	25	26	27	28	29	30	31

$\longleftarrow$ ——————————————— 32 Bit ——————————————— $\longrightarrow$

Version	Header Length	Type Of Service		Total Length	
ID			Flags	Fragment Offset	
TTL		Protocol		Header Checksum	
Source Address					
Destination Address					
Options (+ Padding)					
Data					

Tabelle 1: Aufbau eines IP-Pakets.[83]

Erklärung der Felder:[84]

- *Version*: 4 für IPv4.

- *Header Length*: Die Gesamtlänge des Headers in 32-bit-Worten. Mindestens 5 (d. h. 20 Byte), falls Optionen dazukommen, entsprechend länger.

- *Type Of Service (TOS)*: Die Art, wie QoS[85]-fähige Gateways mit dem Paket umgehen sollen.

- *Total Length*: Die Länge des gesamten Pakets, d. h. die Länge von Header, Optionen und Datenfeld.

- *ID*: Wird vom Empfänger benötigt, um fragmentierte Daten wieder zusammensetzen zu können.

- *Flags*: Optionen, die die Fragmentierung kontrollieren.

---

83   Vgl. [FWLN], S. 35; [BCIE].
84   Vgl. [FWLN], S. 34-36; [FIGI].
85   Quality of Service. Ein Paket erhält in Zeiten von Trafficspitzen je nach seinem *TOS* unterschiedliche Behandlung. Wichtig z. B. für VoIP. Vgl. [TTQ].

- *Fragment Offset*: Gibt bei erfolgter Fragmentierung an, wo im Gesamt der Daten die in diesem Paket übermittelten einzuordnen sind.

- *TTL*: Time-To-Live – gibt an, nach wie vielen Hops das Paket verworfen wird, um gegen Fehler im Routing zu schützen.

- *Protocol*: Das Protokoll, welches der Datenteil verwendet, z. B. TCP oder IPsec.

- *Header Checksum*: Eine Prüfsumme des gesamten Headers. Wichtig: Kein kryptographischer Hash in Bezug auf die Sicherheitsanforderungen![86] Sie wird verwendet, um Fehler bei der Übetragung zu erkennen.

- *Source/Destination Address*: Quell- und Ziel-IP-Adresse.

- *Options*: Anwendungsspezifische Informationen. Optionales Feld.

- *Padding*: Falls das *Options*-Feld nicht genau $k{\cdot}32Bit$ ($k \in \mathbb{N}_0$) lang ist, wird es bis zum Erreichen der vollen Wortlänge mit Nullen aufgefüllt.

- *Data*: Das Paket der nächsthöheren Schicht.

---

86   Vgl. Kapitel 3.4.

7.3 Möglichkeiten von IPsec

7.3.1 Die verschiedenen Modi

Mittels IPsec ist es entweder möglich, die gesendeten Daten und einige der IP-Header-Felder durch den **Authentication Header (AH)** zu authentifizieren, oder lediglich die gesendeten Daten mittels **Encapsulating Security Payload (ESP)** optional zu authentifizieren und optional zu verschlüsseln.[87]

Des Weiteren hat man zwischen **Tunnel Mode** und **Transport Mode** zu wählen. Im Transport Mode enthält das Datenfeld des IP-Pakets das IPsec-Paket und das Datenfeld des IPsec-Pakets das Paket der nächsthöheren Schicht (TCP oder UDP), während im Tunnel Mode das IPsec-Paket das komplette ursprüngliche IP-Paket trägt und sich das IPsec-Paket in einem neuen IP-Paket befindet.[88]

Als nächstes besteht die Auswahl zwischen dem **Internet Key Exchange (IKE)**[89] oder einem **Pre-shared Key (PSK)**. Beim IKE wird für den sicheren Schlüsselaustausch zur Verschlüsselung der Diffie-Hellman-Schlüsselaustausch[90] verwendet, der PSK impliziert, wie der Name schon sagt, dass die beiden Kommunikationspartner den Schlüssel bereits vorher über einen sicheren Kanal ausgetauscht haben.[91]

Zum Schluss steht noch die Auswahl eines bevorzugten Verschlüsselungsalgorithmus'.[92]

7.3.2 Auswahl des Modus'

Die verschiedenen Modi von IPsec tragen unterschiedliche Vor- und Nachteile. Im Hinblick auf das Ziel der Vertraulichkeit ist Verschlüsselung notwendig, weswegen ESP in Frage kommt. Allerdings authentifiziert ESP nur die gesendeten Daten, nicht den Header (selbst AH authentifiziert – da sich Teile dessen, wie das *TTL*-Feld, verändern – nur Teile des Headers, was missbraucht werden könnte). Außerdem scheint die Reihenfolge von Authentifizierung und Verschlüsselung unglücklich gewählt. ESP verschlüsselt zuerst und authentifiziert dann den verschlüsselten Text. Das wäre an sich nicht weiter tragisch, wenn der Schlüssel, der zum

---

87 Vgl. [FIGI].
88 Vgl. ebd.
89 Die folgenden Ausführungen beziehen sich auf die aktuelle Version IKEv2. Gegenüber IKEv1 ist sie effizienter und zuverlässiger. Vgl. [SLCT].
90 Zur Funktionsweise des Diffie-Hellman-Schlüsselaustausches siehe Kapitel 3.3.
91 Vgl. [FIGI].
92 Vgl. ebd.

Ver- und Entschlüsseln verwendet wurde, auch authentifiziert werden würde. Doch dem ist nicht so. Das bedeutet, dass ein Angreifer in gewissen – zugegebenermaßen unrealistischen – Szenarien (z. B. bei der Wahl von AH und ESP mit Verschlüsselung, aber ohne Authentifikation im Transport Mode) möglicherweise ein aufgezeichnetes Paket (auch wenn er mit dessen Inhalt nichts anfangen kann) einer früheren Sitzung (die mit dem gleichen Zertifikat mit dem Authentication Header Protocol und aus Bequemlichkeit mit dem gleichen – eigentlich einmaligen – zufälligen Wert für die Sitzungsidentifikation authentifiziert wurde) einfügen könnte (Integritätsverletzung), ohne dass das auffallen würde. Hier trägt der Sender zwar auch große Schuld, dass der Angriff überhaupt möglich wurde, nichtsdestotrotz: Der Empfänger würde die Daten mit einem anderen, nämlich dem in dieser Sitzung aktuellen Schlüssel, entschlüsseln und vor unbrauchbaren Daten stehen, die er jedoch für integer hält.[93]

Aus diesem Grund wird ausschließlich ESP mit Authentifikation und Verschlüsselung verwendet. Hier sind der Schlüssel zur Authentifikation und der zur Verschlüsselung Teil eines großen ESP-Schlüssels. Ein Angreifer wird es also schwer haben, die Authentifikation zu fälschen, ohne den sitzungsspezifischen Schlüssel zu kennen, der durch den Diffie-Hellman-Austausch sicher übertragen wurde.[94] Ein PSK kommt für diese Anwendung gar nicht in Frage, da der Server sonst den vertraulichen Schlüssel mit dem gesamten Internet teilen müsste – er will ja, dass sich jeder mit ihm verbinden kann. Dies öffnet Tür und Tor für jeden Angreifer.[95]

Mit dem Tunnel Mode wird auch der gesamte Header authentifiziert (sogar die sich ändernden Felder des ursprünglichen Pakets), da dieser ja Teil des Datenfelds des IPsec-Pakets wird.

Deswegen fällt die endgültige Wahl auf IPsec im Tunnel Mode mit ESP (Authentifizierung und Verschlüsselung) und IKEv2.

---

93 Vgl. [FSCE], S. 6-10.
94 Vgl. ebd., S. 9.
95 Vgl. [GFSW].

7.4 Der Aufbau von TLS

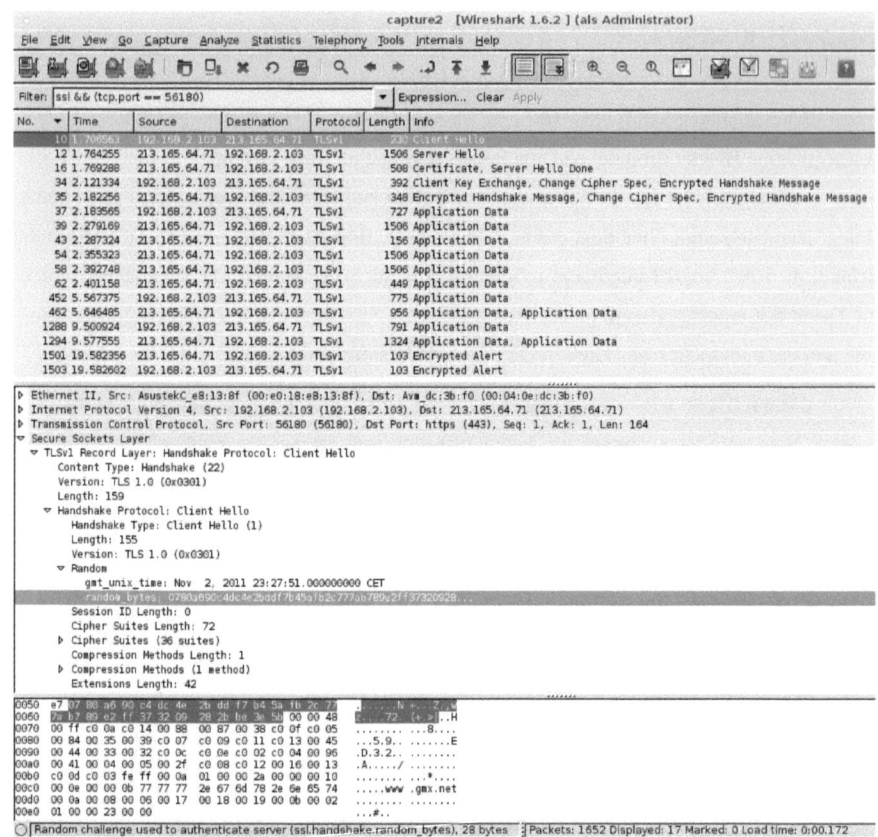

Abbildung 7: Datenaustausch mittels TLS.

Abbildung 7 verdeutlicht einen erfolgreichen Datenaustausch unter dem Schirm von TLS. Zu sehen sind im oberen Bereich alle gesendeten (192.168.2.103 an 213.165.64.71) und empfangenen (umgekehrte Richtung) Pakete, im unteren Bereich einen Teil der im Client Hello verwendeten Felder, markiert ist das *random_bytes*-Feld. Die Kommunikation beginnt mit dem Handshake, welcher mit einer verschlüsselten Handshake-Nachricht endet (der Spezifikation des Protokolls nach muss es sich bei dieser Nachricht um die *Finished*-Meldung handeln, die angibt, dass der Handshake beendet ist)[96]. Danach werden die Anwendungsdaten verschlüsselt übertragen. Die Verbindung endet mit zwei verschlüsselten Alerts, es ist zu mut-

---

96 Vgl. [RTLS], S. 51.

maßen, dass es sich um den *close_notify*-Alert handelt, der die Verbindung ordnungsgemäß beendet.[97]

---

97 Das lässt sich aufgrund der Verschlüsselung jedoch nicht mit absoluter Sicherheit sagen. Dafür spricht aber, dass beide Seiten einen Alert senden, was für den *close_notify*-Alert vorgeschrieben ist. Vgl. ebd., S. 27.

7.5 Zertifizierungsstellen und Zertifikate

Sichere Kommunikation, d. h. Vertraulichkeit, Integrität, Authentifizierung und Verfügbarkeit ist durch TLS nur gewährleistet, wenn sich mindestens der Server mit einem Zertifikat ausweist. Zertifikate kann man sich wie eine Referenz zur Identitätsfeststellung vorstellen. Wer in der realen Welt ein Konto eröffnen will, muss sich ausweisen – wahlweise durch Personalausweis oder Reisepass. Diese Dokumente sind glaubwürdig – man geht also nicht davon aus, dass sie gefälscht wurden. Genauso verhält es sich mit den Zertifikaten. Es handelt sich dabei um den öffentlichen Teil eines asymmetrischen Schlüssel. Während bei der Verschlüsselung mit dem öffentlichen Schlüssel des Empfängers verschlüsselt wird, sodass nur dieser die Nachricht mit seinem privaten Schlüssel entschlüsseln kann, verschlüsselt der Sender bei der Signatur einen sitzungsbezogenen Text (einen Hash[98] aus sitzungsspezifischen Werten) mit seinem eigenen privaten Schlüssel, sodass jedermann den Klartext durch Entschlüsselung mit dem öffentlichen Schlüssel des Senders herausfinden kann. Der Sender beweist aber dadurch, dass er in Besitz des privaten Schlüssels ist.[99]

Zertifizierungsstellen sind unabhängige Unternehmen, deren Aufgabe es ist, zu bestätigen, dass der Besitzer des privaten Schlüssels auch wirklich der Eigentümer ist. Oder, anders gesagt: Sie bestätigen, dass das Zertifikat auch wirklich vom Sender stammt und dies nicht nur vorgegeben wird. Vertraut man also einer Zertifizierungsstelle, vertraut man damit auch allen Kunden von ihr.[100]

Zertifikate existieren für verschiedene Signatur- und Verschlüsselungsalgorithmen. Eine Übersicht findet sich in Anhang 7.7.

---

98 Zur Funktionsweise und Vorteilen des Hash-Verfahrens siehe Kapitel 3.4.
99 Vgl. [SGH], S. 361f.
100 Vgl. ebd., S. 376f.; [VSSL].

7.6 Schlüsselaustauschmethoden und Zertifikate bei TLS

Bezeichnung	Zertifikat	Schlüsselaustauschprotokoll
RSA	RSA Signature	Temporärer RSA Public-Key
RSA	RSA Public Key	Permanenter RSA Public-Key
DH_DSS	Diffie-Hellman Public Key	Diffie-Hellman-Schlüsselaustausch
DH_RSA	Diffie-Hellman Public Key	Diffie-Hellman-Schlüsselaustausch
DH_anon	-	Diffie-Hellman-Schlüsselaustausch
DHE_DSS	DSA Public Key	Diffie-Hellman-Schlüsselaustausch
DHE_RSA	RSA Signature	Diffie-Hellman-Schlüsselaustausch

Tabelle 2: Zusammenhang zwischen Schlüsselaustauschprotokoll und dem zu verwendenden Zertifikat bei TLS.[101]

Knappe Erklärung der Verfahren:[102]

- *RSA*: Der Server besitzt ein gültiges RSA-Zertifikat. Beinhaltet dieses keinen Public Key zur Verschlüsselung, generiert er einen temporären RSA Public Key. Diesen übermittelt er dem Client mittels Server Key Exchange (mit dem RSA-Zertifikat authentifiziert). Der Client generiert einen Schlüssel (Client Version + 46 zufällige Bytes), verschlüsselt diesen mit dem RSA Public Key und sendet ihn an den Server.

- *DH_DSS/DH_RSA*: Die drei Diffie-Hellman-Werte *p, g, A* liegen in einem Zertifikat vor, das mit einem anderen DSA-/RSA-Zertifikat signiert wurde. Der Client beendet den Diffie-Hellman-Schlüsselaustausch durch Senden von *B*.

- *DH_anon*: Ohne Zertifikat, keine Identitäts- und Integritätsprüfung. Der normale Diffie-Hellman-Schlüsselaustausch wird verwendet.

- *DHE_DSS*: Es liegt ein DSA Public Key vor. Der Server berechnet einmalige Diffie-Hellman-Werte, übermittelt sie an den Client und authentifiziert die Daten mittels DSS. Der Client beendet den Diffie-Hellman-Schlüsselaustausch durch Senden von *B*.

---

101 Vgl. [RTLS], S. 68, S. 75-77.
102 Vgl. ebd., S. 75f.

- *DHE_RSA*: Wie *DHE_DSS*, nur, dass der Server die Werte mit einer RSA-Signatur authentifiziert.

7.7 Übersicht über in der Praxis verwendete Zertifikate

Bezeichnung	Verwendung	Inhalt des Zertifikats	Verfahren	Anmerkungen
RSA Signature	Signatur	$(n, e)^{103}$	Signieren: $S = K^d \bmod N$ Verifizieren: $K = S^e \bmod N$	$N = pq$ p, q sind prim. $e \perp \varphi(N)$ $ed \equiv 1 \bmod \varphi(N)$ K ist der Klartexthash, S die Signatur. d ist der private Schlüssel.[104]
RSA Public Key	Verschlüsselung / Schlüsselaustausch	(n, e)	Verschlüsselung:[105] $C = K^e \bmod N$ Entschlüsselung:[106] $K = C^d \bmod N$ Signatur wie oben.	Siehe oben. K ist der Klartext, C ist das Chiffre.
Diffie-Hellman Public Key	Schlüsselaustausch	(g, p, A)	Client sendet B	Siehe Kapitel 3.3.

---

103 Vgl. [SGH], S. 436.

104 Vgl. ebd., S. 436-438.

105 Die folgende Formel ist wörtlich zitiert aus [SGH], S. 436. Änderungen des Verfassers: Unnötige Klammern wurden gestrichen, M wurde ersetzt durch K.

106 Vgl. ebd., S. 437.

| DSA Public Key | Signatur | $(p, q, g, g^x \bmod p)^{107}$ | Signieren:[108]

$r = (g^k \bmod p) \bmod q$
$s = (k^{-1} (K + xr)) \bmod q$
Signatur $:= (r, s)$

Verifizieren:[109]
$w = (s)^{-1} \bmod q$
$u1 = (Kw) \bmod q$
$u2 = (rw) \bmod q.$
$v = \{[g^{u1} (g^x \bmod p)^{u2}] \bmod p\} \bmod q$

Für $v = r$ ist die Signatur gültig. | p ist prim.
q ist ein Primfaktor von p-1.
g ist ein Erzeuger der Untergruppe der Ordnung q. Dann gilt:
$g^q \equiv 1 \bmod p$
x und k sind zufällig gewählt und bleiben geheim. $1 < x < q.$
K ist der Klartexthash.[110] |

Tabelle 3: Überblick über praktisch eingesetzte Zertifikate.

---

107 Vgl. [FDSS], S. 16.

108 Die folgenden Formeln sind wörtlich zitiert aus [FDSS], S. 19. Änderungen des Verfassers: z wurde ersetzt durch K.

109 Die folgenden Formeln sind wörtlich zitiert aus [FDSS], S. 20. Änderungen des Verfassers: z wurde ersetzt durch K; s' und r' wurden ersetzt durch s und r; y wurde ersetzt durch g^x mod p. Verschachtelte Klammern wurden angepasst (aus (((wurde {[(), unnötige Klammern wurden gestrichen.

110 Vgl. [LMG]; [FDSS], S. 15.